對一位真正有創意的畫家來說，
沒有比畫玫瑰更難的事了，
因為在開始畫之前，
他必須先忘掉所有前人畫過的玫瑰。

——亨利 · 馬諦斯

NATIONAL
GEOGRAPHIC

玫瑰

攝影　法比歐‧佩特羅尼 Fabio Petroni

作者　娜塔莉亞‧菲德里 Natalia Fedeli

翻譯　高天羽

大石文化 Boulder Media
an IDG company

目錄

玫瑰切花是一個非常迷人的世界，但也非常複雜，它分成許多不同的類別和品系，同時彼此又有奇特的關係。這是一個人類經常插手、也樂意插手的世界，人在其中強作月老，奔走牽線，促成了許多在自然界中永遠不可能發生的姻緣。結果如何呢？

我們得到了一代代多族裔混雜的玫瑰，這個族群不斷推陳出新，繁衍不絕，新品迭出，但也有一些品種因為不符合花藝大師的口味與時尚潮流而消失。

那麼，為什麼要出版一本關於園藝種玫瑰的書呢？理由很簡單：因為它太美了，而且很多人在家裡都接觸得到。每個玫瑰品種都是長時間、耐心與精準作業下的成果，不僅是對美的事物致敬，也是對人類的才能致敬。它的花瓣柔軟細膩，像天鵝絨，像糖；花莖修長，長著心形的綠色葉片；色調變化多端，可與色階近乎無限多種的彩通（Pantone）色卡媲美。我們除了在花店、園藝店和市場攤販上看見玫瑰，在人生的重要時刻也往往有玫瑰相伴。我們的日常生活總是少不了它。

植物學家稱這些玫瑰為「雜交茶香玫瑰」（Hybrid Tea Rose），是許多人員孜孜不倦、持之以恆的研究成果，150年來它們見證了人類企圖創造出「最佳」品種，對自我與自然限制所做的挑戰。所謂最佳品種，包括最新、最多產、最健壯，以及今天我們特別重視的可耐長途運輸的品種。在這個全球化的年代，這些品種都已成真，栽培地點除了荷蘭、法國、義大利、德國，還有厄瓜多、肯亞和哥倫比亞，產品銷往全世界。知名的義大利景觀建築師與花園設計者毛里奇奧・烏塞（Maurizio Usai）是這樣評價雜交茶香玫瑰的：「它們是非常重要的一個群體，一方面帶動了園藝種玫瑰的市場，另一方面確立了所謂『現代玫瑰』的誕生。」

本書精選數十種最具代表性和趣味性的園藝種玫瑰。為本書掌鏡的靜物攝影大師法比歐・佩特羅尼，成功地把他的專業技能融入了他對自然的熱愛，憑著特殊的感受力，他用鏡頭捕捉到了每一朵玫瑰獨特的面貌和細節，不僅表現出它優雅的外觀，也傳達出內在的

祕密和情緒。本書的章節設計，正是基於玫瑰所喚起的這些情緒，各章開頭都有一束由瑪格麗特・安格魯奇（Margherita Angelucci）等義大利花藝大師特別為本書設計的玫瑰花束，分別是靈魂花束、陽光花束和心之花束。靈魂的輕盈飄忽喚起我們白色的想像，而玫瑰中的白呈現出無窮的深淺與色調變化，從純粹的雪白，到奶油色、檸檬綠、粉棕色，這些色彩一同構成了靈魂花束。陽光花束的靈感來自陽光在一天之中或濃或淡的色調變化，因此黃色是這個花束的基本色，它們的花瓣構成色調豐富的畫面，宛如出自偉大畫家的調色盤。而在玫瑰花的集合中，絕對不能遺漏了紅色，那是心的顏色，是激情和感傷的顏色，玫瑰表達紅色的方式總是那麼新穎、那麼不落俗套，從酒紅到深紅，從淺紫到粉紅，從紫紅到漆紅，每一朵紅玫瑰都是對感情的解讀，可以把感情表達得淋漓盡致。

這些玫瑰各有什麼樣的歷史背景？源自何方？特色在哪裡？雜交常青玫瑰（Hybrid Perpetual Rose）和雜交茶香玫瑰再次雜交之後的玫瑰是非常特別的。它們最大的特點是外表雍容華貴，花莖強壯挺拔，每朵花的莖都長逾 1 公尺，高心型的花苞蓬鬆而尖，綻放後花冠碩大，形如杯子，花瓣也大，凹凸有致，愈往花心花瓣愈薄。

雜交的目的是創造新品種，這個做法至今都還十分依賴經驗，需要在田野或溫室中進行至少五年，加上各種人工操作手續。一個新的玫瑰品種是借助有性繁殖創造出來的，其中的關鍵就在人為干預。法國尼普育種公司（Nirp）的黛博拉・喬尼（Deborah Ghione）清楚地介紹了工作步驟：「第一步是選種。你要選出恰當的母本，也就是扮演雌性角色的玫瑰，當它受孕、成熟之後會結出果實，從中取出的種子則扮演雄性的角色，提供花粉。將父本的花粉收集儲藏之後，就可以準備母本玫瑰了。人工授粉就是把父本的花粉放到母本的柱頭上，這個工作要在 5 到 6 月之間完成。假使計畫得當，到了秋季植株就會受孕完成，結出假果，其中包含種子。這批種子經過催芽之後，就是下一年的新玫瑰群落。在接下來幾年內，我們會再從這些玫瑰中嚴格挑選，挑出最有趣味、最符合我們想要的性狀的植株。」

第一株雜交茶香玫瑰誕生於 1867 年。當時，里昂的園藝學會舉辦了一場競賽，目的是

選出最美的法國玫瑰，冠以「法蘭西」（La France）的稱號。在鑒賞了 1000 個品種之後，評委會選出了讓 - 巴蒂斯特 ‧ 吉優（Jean-Baptiste Guillot）培育的玫瑰。吉優是里昂本地的育種師，但是連他自己也弄不清這株新種玫瑰的血統來源──當時有目的的人工培育尚未風行，新性狀的產生最主要還靠昆蟲授粉。毛里奇奧 ‧ 烏塞對這株新品種玫瑰的評語是，吉優「培養出體格強健，挺拔，能重複開花，珊瑚粉紅的色調，前所未見的形狀，花苞呈尖頭，花瓣往後捲。」

十年後，主要由於英國人亨利 ‧ 班奈特（Henry Bennet）的研究，人工雜交開始有了「近乎科學」的特點：育種師仔細選出作為親本的植株進行人工雜交，目的是獲得擁有兩個親本的某項特徵的後代。1900 年，法國玫瑰栽培商帕內 - 杜徹（Pernet-Ducher）就是採用這個方法，將一株雜交常青玫瑰和一株波斯的異味薔薇（foetid rose）進行人工雜交，培育出第一朵開黃花的雜交茶香玫瑰，取名「金太陽」（Soleil d'Or）。從此之後，雜交茶香玫瑰的培育試驗屢獲成功，例如弗朗索瓦 ‧ 玫昂（Francis Meilland）在二戰期間的 1942 年培育的新品種，黃色花朵中滲有粉紅色，在德國名為 Gloria Dei（拉丁文，意為神的榮耀），在法國稱為「玫昂夫人」（Madame A. Meilland），在義大利則叫做 Gioia（義大利文，意為歡樂）。1945 年 8 月 15 日，就在日本無條件投降的同一天，它獲得美國玫瑰學會的嘉獎。美國人因此將它重新命名為「和平」，作為和平的象徵。如今，專門培育園藝種玫瑰的業者大大增加。除了老牌的法國玫昂，在德國有科德斯父子（W. Kordes' Sohne）和 Rosen Tantau，荷蘭有 De Ruiter Innovations、Schreurs、Lex+ 玫瑰工廠、Interplant Roses、Preesman Plants、Terra Nigra 和 Olij Rozen，法國有尼普，英國則有 David Austin，這些廠牌都早已經打響了名號。

要描述這股潮流，我們要再次引用毛里奇奧 ‧ 烏塞的話：「除了擴大色相和色調的範圍，育種者也愈來愈希望在園藝種玫瑰中恢復那些典型的舊有特徵，比如花冠扁平的五瓣玫瑰。」

雜交茶香玫瑰有各式各樣美麗的名字，例如雪山（Avalanche）、紅色娜歐米（Red Naomi!）、波西米亞人（Boheme）等。在育種師的品種目錄裡，這些名字前面還有字母數字碼。「這樣一套命名系統是很有必要的。」荷蘭花卉辦事處駐義大利主任查爾斯‧蘭斯多普（Charles Lansdorp）說，「同樣必要的是，每一種玫瑰在推向市場時都要有註冊商標，通常加在商品名稱後面。這樣一來所有的新品種玫瑰，當然也包括所有雜交茶香玫瑰，才能受到專利保護，理由很簡單。」因為註冊商標，育種者就能行使智慧財產權，如果有人將他們的產品用於商業目的，他們就可以收取權利金。園藝種玫瑰市場多變，多年來一直受到大量新品種的衝擊，但它的主流一直保持在紅白兩色，至少在歐洲是如此。當然，它的色彩範圍已經擴大了很多，今天淺紫色或紫色的花冠大受賞識，土紅色和淺黃色的也是。

花莖的長度呢？同樣也受到潮流的影響。比如在義大利，十年前流行長莖玫瑰，花莖超過 100 公分，但是現在變成短花莖當道了。

還有奇妙的香氣問題。帶有香氣的園藝種玫瑰非常稀少，因為香氣會使花朵較脆弱、較易萎凋。不過，近來有些育種者的研究已取得了令人振奮的成果……也許不久之後，瀰漫在花園中的玫瑰甜香將不只是來自少數幾個品種了。

1：紅色巴黎（Red Paris），由荷蘭公司 Olij Rozen 培育。2-3：伊西斯（Isis），由荷蘭公司 Schreurs 培育。4-5：綠美人（Green Beauty），由荷蘭公司 Olij Rozen 培育。6-7：櫻桃白蘭地（Cherry Brandy），由德國公司 Rosen Tantau 培育。

靈魂花束

「我們只在某些時候擁有靈魂／沒有人是持續／永遠擁有的……」這個著名的詩句出自波蘭詩人維斯瓦娃・辛波絲卡（Wislawa Szymborska，1923-2012）的詩作，《談談靈魂》，她在 1996 年獲得諾貝爾文學獎。輕盈、易逝、潔白，靈魂的這些特質自然使人聯想起另一種短暫的形象：白玫瑰。白玫瑰是優雅與美的象徵，擁有這種顏色的玫瑰也的確具有非常特殊的意義。

說到白，腦海中立即浮現出雪、冰、晨曦、雲朵、牛奶，以及一張等待著讓人寫下故事的白紙。白彷彿是一場難以解釋的文字接龍，所以在大家的想像中，白也可以變成光，變成無限，變成靈魂，變成完美，還有天真、慷慨、純潔，和永恆的愛情。

白時而耀眼，時而暗淡，時而變得透明；它是玫瑰愛好者最鍾愛的顏色之一。在色彩理論中，白色的定義是沒有顏色，因為它集合了太陽光譜中的全部七種顏色，也正因為如此，它才為花朵、為雜交茶香玫瑰賦予了近乎無窮的深淺變化。前一頁的「靈魂花束」就是一個例子，其中的花朵，有純白色，有奶油色，還有些是淺淺的檸檬綠色。本章中在它之後出現的品種，也都呈現出形形色色的白。米蘭 Foglie, Fiori e Fantasia 花店的瑪格麗特・安格魯奇（Margherita Angelucci）是靈魂花束的創作者，她解釋道：「我想展示一點，那就是園藝種玫瑰和自然界一樣，沒有單純的白，只有七彩繽紛的白。」

白玫瑰是婚禮上的主角，因為它象徵了純粹的愛與忠貞，非常適合做成浪漫的新娘捧花。它們也可以作為新人和伴郎的胸花或戴在扣眼上的花。無論出生、洗禮、聖餐、命名，還是其他特殊場合，白玫瑰都是最完美的禮物。另一方面，白色使人聯想起純真，不管是生命的開始還是轉化，白色都是適合的顏色。

白玫瑰是充滿魔力、詩意和暗示的玫瑰，它的花苞呈漩渦狀，綻放後成杯型或蓮座型，花冠很大，有的直徑能達到 12 公分。花瓣質地柔軟，彷彿綢緞、蟬翼紗和天鵝絨；筆直的花莖可長到 90 公分長；美麗的墨綠色葉片與鮮豔的花冠映襯，形成一種特別的深度感。白玫瑰很少有香氣，它的優點在於那令人難以置信的豐富色調。有些白玫瑰是育種師長年持續研究之下的心血結晶，其中有純白的品種，如阿克多、多洛米提、西藏白和白色莉蒂亞；有帶著一點綠意的白，比如雪山＋和白色娜歐米；也有奶油色的蒙迪歐和芬德拉。其中，翡翠雪山、綠美人、綠茶和翡翠是清澈的檸檬綠色，奶油精華是奶油色帶杏黃色，貝爾是米色帶粉紅色，特麗亞＋是粉白帶香檳色。而當奶油白和玫瑰紅結合，結果就是驚人的美，比如波西米亞人、塞尚、友誼和甜美。

12-13：這捧迷人的花束中包含了 40 朵玫瑰，分屬四個不同的品種，有白色的雪山＋和白色莉蒂亞，還有淺檸檬綠的翡翠雪山，和接近粉色的奶白色特麗亞＋。為了讓構圖增加動感，加入了介於灰綠色和銀灰色之間的橄欖枝，以加強整個花束中細微的顏色差別。14：蒙迪歐，由德國的科德斯父子公司培育。

翡翠
Jade

這種玫瑰以一種珍貴的寶石為名，叫做翡翠。翡翠在新石器時代的文物中就已出現，古代中國人視之為聖石，認為它代表了許多美德。翡翠被運用在水晶療法中，因為它具有安神、平衡、和諧的功效。到了今天，它在中國文化中還是戀人之間最浪漫的禮物。此外，由於翡翠在綠心之中夾雜著白色或粉色的紋理，在阿育吠陀的傳統中，它與人體的第四脈輪（chakra），也就是心輪有關。這個由德國 Rosen Tantau 公司開發而成的玫瑰品種，使人聯想起愛情，以及訴說最浪漫的宣言時的情感。這個富含詩意又迷人的品種目前的栽培地點在非洲和南美洲。花朵尺寸中等，全開後直徑 7 到 8 公分，花莖長 40 到 70 公分。

如寶石般珍貴的玫瑰

白色情人節的
完美禮物

阿克多
Akito

在日本，每年的 3 月 14 日是白色情人節，剛好是情人節過後一個月。在這一天，無論是男友、未婚夫還是丈夫，都有義務送給愛人一件貼心的白色禮物，以表達對 2 月 14 日那天收到禮物的感謝之情。這個獨特的日本風俗有一些特定的規則：如果男方在情人節收到的禮物並不昂貴，那麼回贈一份薄禮也就夠了，一般是棉花糖和純白巧克力。可如果收到的是貴重的禮物，男方就應該以花、服裝或珠寶來回贈。圖中是德國 Rosen Tantau 公司培育的玫瑰品種，花瓣顏色純淨，幾乎泛著螢光。在日本，尤其在日本皇室的女士們看來，正是白色情人節的完美禮物。阿克多的種植地是南美洲，全開後花冠直徑 7~8 公分，花莖長 50~70 公分。目前栽培的國家有義大利、法國和荷蘭。

塞尚
Cézanne

保羅・塞尚是一位充滿詩意的法國畫家,他鍾愛的主題是風景、靜物和人物的全身肖像,很少畫花。不過,圖中的這種玫瑰卻是以這位藝術家的名字為名,以紀念他的某些用色方式,如白配紅,這樣的色彩組合不僅能傳達出畫家的情緒,也能表現畫中主體的本質。荷蘭 Olij Rozen 公司培育的這種雜交玫瑰,似乎正是受到塞尚靜物畫的色調所啟發。它的花瓣是白奶油色,有一道優雅卷曲的邊緣,呈現出類似仙客來的粉紅色調,近乎紅色,襯著白色顯得格外強烈而顯眼。塞尚的花朵很大,全開直徑約 10~12 公分;花莖長 50~80 公分;有美麗的心形墨綠色葉片。塞尚在荷蘭和南美洲都有栽培。

用色彩寫成的詩

奶油精華
Crème de la Crème

2011 年 7 月 2 日，摩納哥的亞伯特親王迎娶夏琳・維斯托克（Charlène Wittstock），在摩納哥王宮的中庭中舉行盛大婚禮。這場王室婚禮共有超過 3500 位來賓出席，有名人、政治人物和王室成員，外加非常優雅的花藝裝飾，其中的主角就是玫瑰。這場婚禮一共用了 9000 多朵玫瑰，選自三個不同的品種：德國 Rosen Tantau 公司培育的奶油精華、德國科德斯父子公司培育的蒙迪歐，還有法國尼普國際培育的安娜斯塔西亞。這三種都歸類為白玫瑰，但是各有各的白法。奶油精華的花心色調溫暖，接近桃色；安娜斯塔西亞則是亮眼的雪白；蒙迪歐的白色明度較低，是粉粉的奶油綠。奶油精華的花朵很大，全開直徑 10~12 公分，花莖長 50~80 公分。

王室婚禮上的主角

多洛米提
Dolomiti

多洛米提山形成於 2 億年前，如今已高聳入雲，
海拔超過 3000 公尺。它是公認世界上最美的山
之一，2009 年受聯合國教科文組織指定為世界
文化遺產地點。每到冬天，這座山就包裹在最
純淨的白雪之中，美得宛如虛構的場景。優雅
精緻的多洛米提玫瑰就是對這座山的獻禮。它
由荷蘭的 Olij Rozen 公司培育，花瓣色澤非常接
近冰雪，彷彿經過螢光增白一般的顏色，外層
的花瓣則略帶綠色，包裹著帶有奶油粉色調的
暖色花心。白色的花冠和深綠發亮葉子的鮮明
對比，是多洛米提的一大特點。多洛米提有 40
片花瓣，全開直徑 10~12 公分，花莖長 50~90
公分。在荷蘭、法國和義大利均有栽培。

高 山 上 的 夢

綠美人
Green Beauty

這種玫瑰出自韓國育種者之手，目前由荷蘭的 Olij Rozen 公司行銷，它的花瓣形狀和顏色都暗示了春天的形象。無論在自然界還是人類社會，春天都是美麗、重生和轉變的季節，此時樹上布滿嫩芽，等著換上一身的綠，嬰兒也開始邁出人生的第一步，迎接成長的挑戰。綠美人的氣質清新、活潑，有點花俏，花冠是優雅的綠色，逐漸過渡到淺粉綠。它用在任何花束中都非常理想，尤其適合獻給年輕、活力充沛的現代女性。綠美人的花朵有 35~40 片花瓣，全開直徑 7~8 公分，花莖長 40~80 公分。

來自韓國的愛

波西米亞人
Bohème

跟著普契尼的音符

這個品種取名為波西米亞人，是向普契尼的著名歌劇致敬；劇中 1830 年代巴黎的浪漫懷舊氛圍，就是法國尼普國際培育這朵玫瑰的靈感來源。普契尼與劇作家朱塞培・賈柯沙（Giuseppe Giacosa）和魯伊吉・伊利卡（Luigi Illica）根據亨利・穆傑（Henry Murger）的小說《波西米亞人的生活》，共同創作了這齣劇本，描寫一群浪蕩藝術家的故事，其中一個主角是年輕的魯道夫，和繡花女咪咪墜入了愛河。這朵波西米亞人纖弱秀麗，有一種幾乎令人痛徹心扉之美。它有 35 片花瓣，奶油色中帶著一圈豔麗的粉紅邊緣。它的花苞很大，呈螺旋形，花莖最長可達 90 公分，刺很少。香氣清淡持久，全開花冠直徑 10 公分。由法國的尼普國際培育，主要在義大利和肯亞栽培。

夢中的聖母峰

西藏白
Tibet

稀薄的空氣、喜馬拉雅山與聖母峰、僧人、託付給山風的禱告、佛祖的教誨，這一切的一切，使人一方面燃起登上峰頂的雄心壯志，另一方面又心馳神往，想要接近神明，看清靈魂和人生的本質。西藏白這個名字，就是取自亞洲這處美麗非凡、又極難到達的地域。它的花瓣色澤純淨，花冠形狀完美，強烈表現出純潔、靈性，以及人類追求完美的形象。荷蘭的 Olij Rozen 公司培育出這種潔白如雪的玫瑰。全開直徑 10~12 公分，花莖50~80 公分。目前的栽培地是南美洲，是婚禮、生日和聖餐會上最常用的玫瑰品種之一。

白色莉蒂亞
White Lydia

如果你俯視一束白色莉蒂亞，會覺得它彷彿是一大把純白的雪花灑在一塊綠色的墊子上。白色莉蒂亞是經過仔細試驗的雜交品種，它在每個方面都和花園裡的近親十分相似，專家稱它為多頭玫瑰（Spray）。這種分叉玫瑰意味著它的每一根枝幹都會分出至少兩、三根較細的枝條，而那些枝條又會再分出更細的花莖。結果就是一株白色莉蒂亞能開出 10 多朵花。白色莉蒂亞由荷蘭的 Interplant Roses 公司出品，這家公司專門從事多頭玫瑰的培育。白色莉蒂亞的花朵呈奶白色，花莖長 40~60 公分，經常在婚禮上用作花飾，取代滿天星的位置。

和種在花園裡的玫瑰
一樣迷人

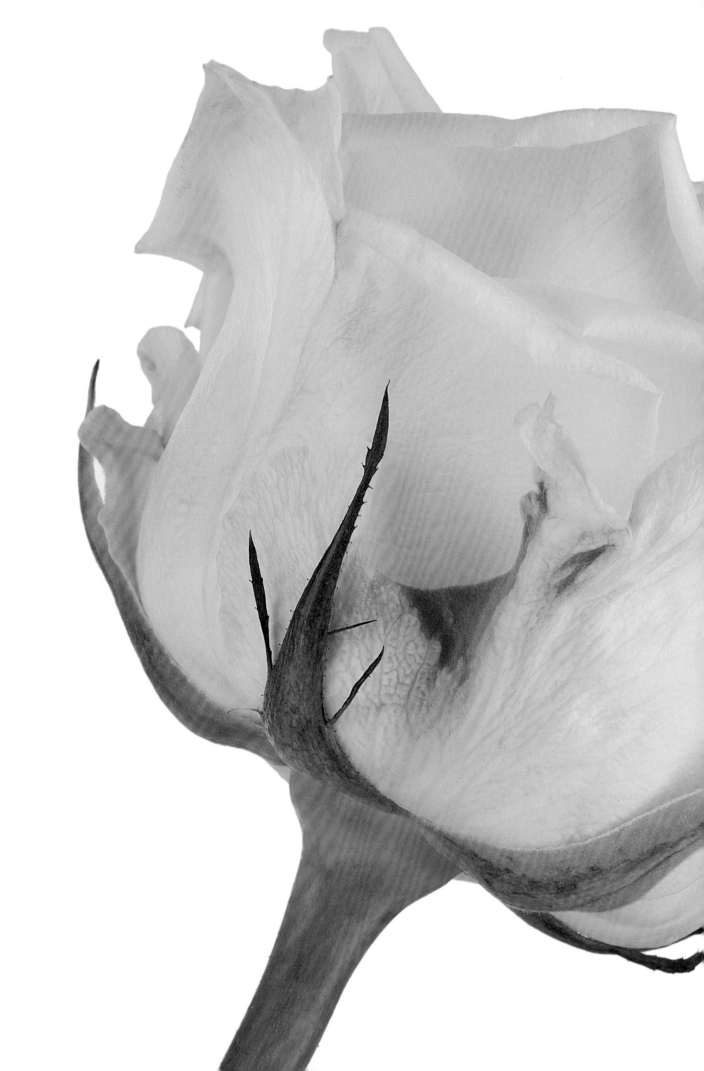

白色娜歐米
White Naomi!

40 歲生日那天，已訂婚的俄國富豪弗拉迪斯拉夫 · 多羅寧（Vladislav Doronin）送給她一束巨大的白色娜歐米；不出幾年，這種以她為名的白玫瑰就成為了全世界花卉設計師的最愛。這裡說的「她」，正是指英國超級名模娜歐米 · 坎貝爾（Naomi Campbell），她不僅被《時人》雜誌評為世界上最美的 50 位女性之一，荷蘭的 Schreurs 公司還專門培育出一個全新的玫瑰品種來獻給她。除了白色娜歐米，這家公司還另有「娜歐米」和「紅色娜歐米」。白色娜歐米的外觀精緻迷人，色彩由純白過渡到奶油色，再到綠色。全開後直徑有 9~11 公分，花莖長 60~90 公分。精美的綠葉與花瓣的色調形成鮮明對比。

「穿綠衣的女子都對自己的美很有信心。」

這是一句著名的俗諺，然而不管什麼季節，時裝秀的新裝和配件都少不了這種美妙的色彩，設計師總是以層出不窮的創意，表現出翠綠、青綠、碧綠、灰綠等各種不同的綠。近幾年，育種者又開始迷上這股「綠色瘋」，培育出一朵朵美麗的綠玫瑰，彷彿就為了挑戰這句諺語。例如荷蘭 Lex+ the Rose Factory 公司培育的翡翠雪山，就是著名品種「雪山+」的最新變種。它的大小、姿態都與前輩無異，但花冠卻是淺檸檬綠色的。這個清新得讓人感到如沐春風的顏色，與這種大型玫瑰極為相襯。翡翠雪山全開直徑可超過 12 公分，花莖長 65~90 公分。

翡翠雪山
Emerald Avalanche

特麗亞＋
Talea+

2004 年，特麗亞＋贏得了 Fleur Primeur 獎，這是花卉界的葛萊美獎，每年由荷蘭花卉拍賣公司（Flora Holland）評選，頒發給全世界最美的花朵。特麗亞＋之所以特別到能夠獲獎，主要在於它獨一無二的色彩，從宛如香檳氣泡一般的乳白色過渡到細緻含蓄的淺粉紅色，因而贏得國際美譽。它細微的色調變化在搭配白色時特別亮麗，而當與漸層的橘色和秋葉組合在一起時，它的粉色會顯得更加浪漫與溫暖。特麗亞＋很受花卉設計師的青睞，經常被用來作為新娘捧花的主角，或是在洗禮、聖餐、命名和其他特殊場合中獨挑大梁。它由荷蘭的 Lex+ the Rose Factory 培育而成，花朵很大，直徑 12 公分，全開時如同一頂王冠，花莖長 60~80 公分。

無法掩蓋的巨星丰采

友誼
Friendship

亞里斯多德認為友誼是人類的基本需求；《小王子》的作者安東尼·聖修伯里（Antoine de Saint-Exupery）則認為友誼是慰藉，他曾經寫道：「我的朋友，在你身邊，我無需請求寬恕，無需自我辯解，也無需表現什麼。在你身邊，我找到了平靜……在我貧乏的語言之外，你可以看見我內心只是一個簡單的人。」友誼是一種深刻的體驗，對個人和社會，都有不可估量的價值。這個玫瑰品種是法國玫昂國際公司為美國九一一恐怖攻擊事件十周年特別培育的。取名為友誼，是為了在不同的民族之間傳達和平友愛的信念。它的花瓣內側全紅，外側是深紅色斑，內外相襯，共同創造出一種宏偉的和諧。花型很大，全開直徑 10~12 公分，花莖也較長，有 60~80 公分。目前在法國栽培。

不同民族之間的情誼象徵

美人 *La Belle*

來自寓言故事的玫瑰

很久很久以前，有一位英俊但自私的王子受到詛咒，變成一頭可怕的野獸——這是迪士尼1991年的卡通片《美女與野獸》的開場白。在詛咒期間，如果王子不想永遠變成一頭野獸，就必須在21歲生日那天愛上一個人；如果失敗，一朵玫瑰將會盛開，但會隨即枯萎，而後王子將永遠困在野獸的形體之中。這朵美人玫瑰由德國的科德斯父子公司培育，它氣質浪漫、精緻，花瓣綠粉相間，不會讓我們聯想到詛咒中的那朵紅玫瑰，它的美麗大方，反而會讓我們想起電影中那位拯救王子的女主角。花型很大，全開後直徑10~12公分，花莖長60~90公分。

綠茶 *Green Tea*　　　　散 發 東 方 的 氣 息

綠茶源自中國，是從茶樹上摘下的葉片未經萎凋處理所泡成的飲料。許多年前，綠茶就已經跨越亞洲大陸的邊界，征服了西方。綠茶之所以成功，首先是因為它的滋補功效：雖沒有興奮性，卻能提神醒腦，幫助消化，並含有豐富的維生素 C。綠茶的其他特點，除了它的滋味、香氣，還有它的色澤，也得到了西方人的賞識。綠茶的顏色是精緻而獨特的檸檬綠，質地顯得格外有生氣，使人想起早春綻放的第一朵花。綠茶玫瑰由德國的 Rosen Tantau 公司培育，花型很大，螺旋形的花苞，花莖長 60~90 公分，刺很少，香氣清淡持久，綠色的葉片也極美。在荷蘭、法國和義大利均有栽培。

芬德拉
Vendela

可變身藍玫瑰的優雅品種

芬德拉是知名的婚禮專用玫瑰，但是許多人都忽略了一點，那就是備受喜愛或厭惡（視個人口味而定）的藍玫瑰，也屬於芬德拉的一種。只要把花莖插在彩色溶液之中，就能將花冠完全染色，變成一朵湛藍甚至鈷藍色的玫瑰。富創意的荷蘭人甚至有辦法把每一片花瓣都染上不同的顏色。芬德拉是 90 年代由德國的 Rosen Tantau 公司在荷蘭雜交成功培育而成，當時就風靡了全世界，至今依然廣受歡迎，尤其在義大利市場。芬德拉的優點主要體現在它的幾個特性上：花型大，質地細緻，灰奶油色的花瓣，漂亮的綠葉，以及 90 公分長的花莖。在義大利、荷蘭和哥倫比亞均有栽培。

雪山＋
Avalanche+

「雪山＋」每平方公尺土地能採收 400 枝花莖，不僅產量高，而且花期特別長。它由荷蘭的 Lex Voorn 公司培育而成，如今已經是新娘捧花和婚禮花飾中最常用的玫瑰之一，曾經陪伴多位荷蘭王妃走向聖壇，如馬克西瑪王妃。女演員和女模也都喜歡捧著它步入禮堂，如 2010 年與荷蘭足球員衛斯理 · 斯奈德（Wesley Sneijder）結婚約蘭特 · 卡巴烏（Yolanthe Cabau van Kasbergen）。雪山＋花朵碩大，潔白如雪之中略帶綠意，全開直徑 12 公分，花莖長 65~90 公分，美麗的綠葉。出人意料的是，雪山＋在花瓶中的保鮮期很長，即使在夏季也一樣。

如雪崩般的強大魅力

甜美
Sweetness

這種帶著粉紅色邊緣的白玫瑰，乍看之下彷彿是一個小女孩的臉龐；摸起來輕薄柔軟，像絲巾一樣，又像是情歌中美妙跳躍的音符。「甜美」由德國 Rosen Tantau 公司培育，是著名的「貴族」（Noblesse）玫瑰栽培種的一個變種，80年代初在義大利開始走紅。它的栽培地點在厄瓜多、墨西哥和哥倫比亞，名列東歐人最愛的十種玫瑰之首，俄國人更是對它鍾愛有加。它有兩個特徵格外討喜，一是長 90 公分的花莖，二是開花時直徑 12 公分的碩大花冠。今天的俄羅斯消費者認為，美的標準是最重要的，但義大利人已經不再這麼認為，他們選擇長莖玫瑰幾乎都是為了慶祝一些特殊的紀念日，如情人節。

擁有成功基因的玫瑰

蒙迪歐 *Mondial*

見證完美的婚禮

摩納哥的亞伯特親王與夏琳‧維斯托克在 2011 年 7 月 2 日於蒙地卡羅舉行的婚禮上，選用的花飾就是這款蒙迪歐。蒙迪歐由德國的科德斯父子公司培育，是全世界新娘最喜愛的玫瑰品種之一。它的氣質浪漫，有壯觀的杯形花朵，花瓣柔軟而肉感十足，顏色獨特，奶油色調中摻雜少許淺粉和水綠色。蒙迪歐的主要栽培地在南非，它也是花藝師的最愛，被用來做成各種奇妙的花束，束口只用一條緞帶或一顆珍珠。蒙迪歐的特點是花型大，全開時直徑 10~12 公分，花莖長 70 公分，葉色濃綠，無刺，散發出淡淡的清香。

太陽花束

黃玫瑰的處境很坎坷。在花語中，黃色總是代表嫉妒、背叛和不確定的愛。育種師也說，要培育出黃玫瑰是格外困難的事。黃色在佛教中是神聖的顏色，教徒把它和智慧相提並論；它是印象派畫家偏愛的顏色，馬諦斯和高更都喜歡使用黃色；而抽象派的代表人物如米羅，也在作品中選用了最飽和的純黃，可免於其他顏色的污染；此外，黃色也是太陽、黃金、光線和歡樂的顏色。瑪格麗特 · 安格魯奇就是從黃色的這些重要地位發想，製作了本章的這個花束。這位米蘭的花藝師說：「我想像太陽的光線，然後設法把它在一天中不同時刻的樣子表現出來。」這束花中有特洛伊（Ilios），它那柔和的黃綠色使人想起黎明時，清晨的微光漸漸增強的情景；特洛伊的旁邊是斯芬克斯（Sphinx），它那濃烈的沙黃色使人想起一天中最溫暖的時刻，火球升到天頂，灑下熾熱的光線；然後是擁有獨特橘紅色的密爾瓦（Milva），以及呈現迷人赤陶土色的咖啡時間（Coffee Breaks），令人想起日落時分，美麗而熱烈的夕陽將天空染成一片火紅的情景。

我們在現實生活中所知的黃玫瑰，都是受到自然界中各種礦石的啟發培育而成的：鎘、鉻、鋅，有的鈷黃，有的棕紅。然而這樣的色調就像前面說過的很難培育，原因有兩個：第一，玫瑰一旦開花，花苞的濃烈色彩就會褪去；第二，親本中不甚理想的性狀會在子代中浮現出來。歷史上的第一種黃色雜交茶香玫瑰是金太陽，1900 年由法國育種家帕內 - 杜徹培育而成，它的親本是一種叫做「安東尼杜徹」（Antoine Ducher）的雜交常青玫瑰，和一種波斯異味薔薇。此後，金太陽的基因就流入了所有黃玫瑰的血脈之中，因此有時黃玫瑰的葉片上會出現波斯異味薔薇那樣的淺綠，這在育種師眼裡是一種缺陷，再加上他們認為培育黃玫瑰吃力不討好，往往繁殖出來的後代也不成功。

因此，本章中所呈現出的玫瑰才會顯得如此珍貴。它們成功克服了繁衍過程中遇到的風險。雖然黃色玫瑰被賦予了種種涵義，但它們無不流露出一股強烈的陽光氣質。它性格強烈、靈動、生機勃勃，最適合獻給外向性格的人。和白玫瑰一樣，它的色彩變化多端，令人驚歎，有淺黃中略帶粉紅的「晨歌」（Aubade），有黃得清淡而明亮的「凌波」（Limbo），有色調柔和的「奶油糖」（Butterscotch），有黃中帶著絲絲綠意的「萊昂尼達斯」（Leonidas），有桃色的「靈巧」（Finesse），有沙土黃色的「莫哈納」（Mohana），有鏽黃色的「馬里奧」（Mariyo!），有橘紅色的「櫻桃白蘭地」（Cherry Brandy）和密爾瓦，最後，還有土紅色的咖啡時間。

74-75：在這個由 Foglie, Fiori e Fantasia 花店創作的花束中，黃色的特洛伊和斯芬克斯中混入了橘紅色的密爾瓦，再加上幾朵土紅色的咖啡時間。靠近底部的則是幾片綠色的木蘭葉。76：凌波，由德國的科德斯父子公司培育。

奶油糖
Butterscotch

在花語中，黃玫瑰是嫉妒的象徵。如果是明豔如火的黃，代表懷疑；如果色調較淺，代表愛情中的三心二意。不過，黃色也是太陽的顏色，按照定義，它仍然具有正面的象徵意義。現代色彩療法研究色彩發出的振動對於人的身心狀態的影響，這種療法已經證實了黃色能予人能量、力氣和神采。黃色使人愉悅，而如果是細緻柔和的黃，例如這款由荷蘭 Olij Rozen 公司培育清淡柔和的黃玫瑰，則流露出甜美的氣息——正如著名的奶油糖的味道，這就是它名稱的由來。奶油糖花型中等，全開後直徑 7~8 公分，花莖長 50~90 公分。

像糖果一樣甜

晨歌
Aubade

晨歌，也就是早晨的情歌，是法國人十分鍾愛的主題，
畢卡索在 1967 年的一幅畫作也取了這個名字。晨歌是戀
人之間的一個奇妙時刻，它氣息慵懶，充滿懷舊之情。
男子在一夜繾綣之後醒來，對愛人道一聲早安，唱一首
美麗浪漫的歌曲獻給她。晨歌玫瑰略帶清香，少有尖刺，
花瓣呈奶油黃，邊緣粉紅，使人聯想起破曉的第一道陽
光，這美妙的一刻就是這個品種的靈感來源。晨歌氣質
優雅，魅力出眾，有 40 片花瓣，全開時直徑約 12 公分，
花莖長 60~70 公分。它由法國的尼普國際培育，近幾年
開始流行，栽培地主要在厄瓜多，出口到全世界。

沈醉在早晨的情歌之中

斯芬克斯
Sphinx

斯芬克斯在埃及和希臘神話中都看得到，長著獅子的身體和人的面孔，這個形象到現代已經成為神祕和謎的象徵。這款玫瑰也正是受到斯芬克斯（吉薩金字塔旁遠近聞名的獅身人面像）的啟發而誕生，培育者是荷蘭的 Preesman Plants 公司。它的顏色是溫暖的金黃，使人想起日正當中的耀眼光芒，想起古埃及，想起塞佛瑞里（Zeffirelli）導演的歌劇《阿依達》中那些富麗堂皇的佈景。斯芬克斯全開時直徑 7~8 公分，花莖長 40~70 公分，完全無刺。金黃色的花冠和深綠色的葉片形成的對比格外鮮明。栽培地點在荷蘭及南美洲。

在 神 話 和 神 祕 之 中 誕 生

櫻桃白蘭地
Cherry Brandy

這朵帶有不列顛色調的玫瑰，會讓人眼前立刻出現英格蘭鄉村、獵狐、燃著壁爐的村舍，木質和皮質傢俱的畫面，聞到菸草和白蘭地的氣味。但實際上這款由德國 Rosen Tantau 公司培育的雜交茶香玫瑰，不論名稱和色彩，都是受到著名的櫻桃白蘭地甜酒的啟發。它的花瓣邊緣是濃烈的橘紅色，向下漸變為較淺的紅色；花瓣內側陽光般的金黃，使整朵花散發出特別的光芒。櫻桃白蘭地花型很大，全開時直徑可超過 12 公分，花莖長 50~70 公分，美麗的心形葉片呈深綠色，更能強調花冠的獨特色彩。

櫻桃風味的花瓣

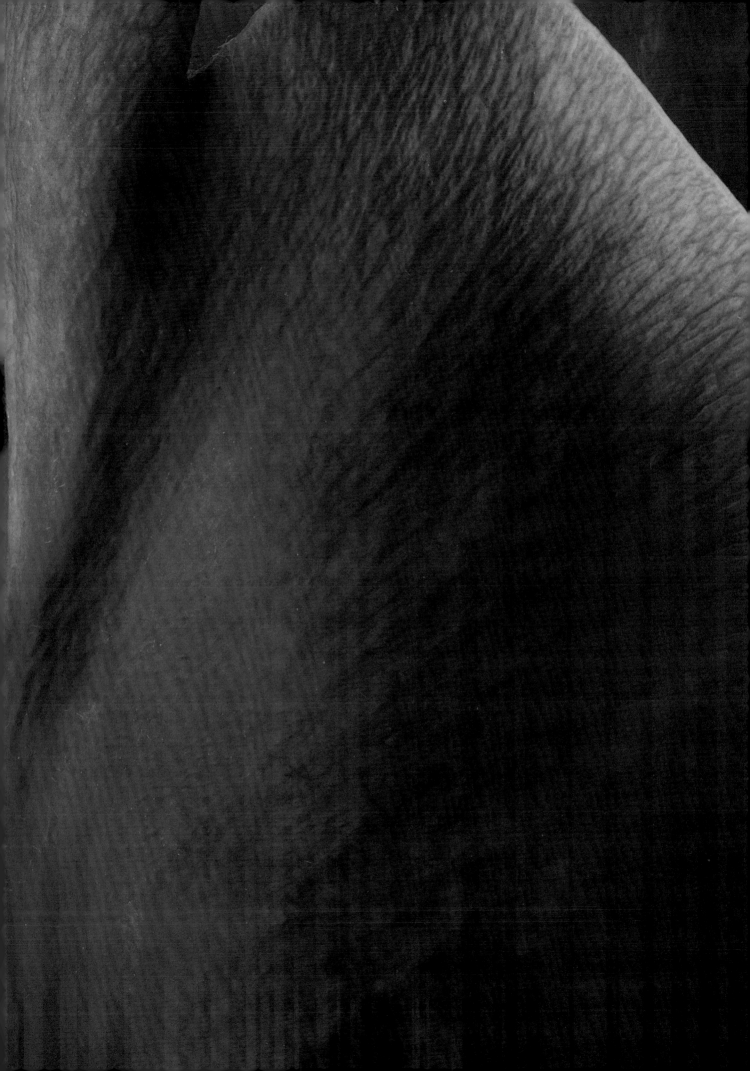

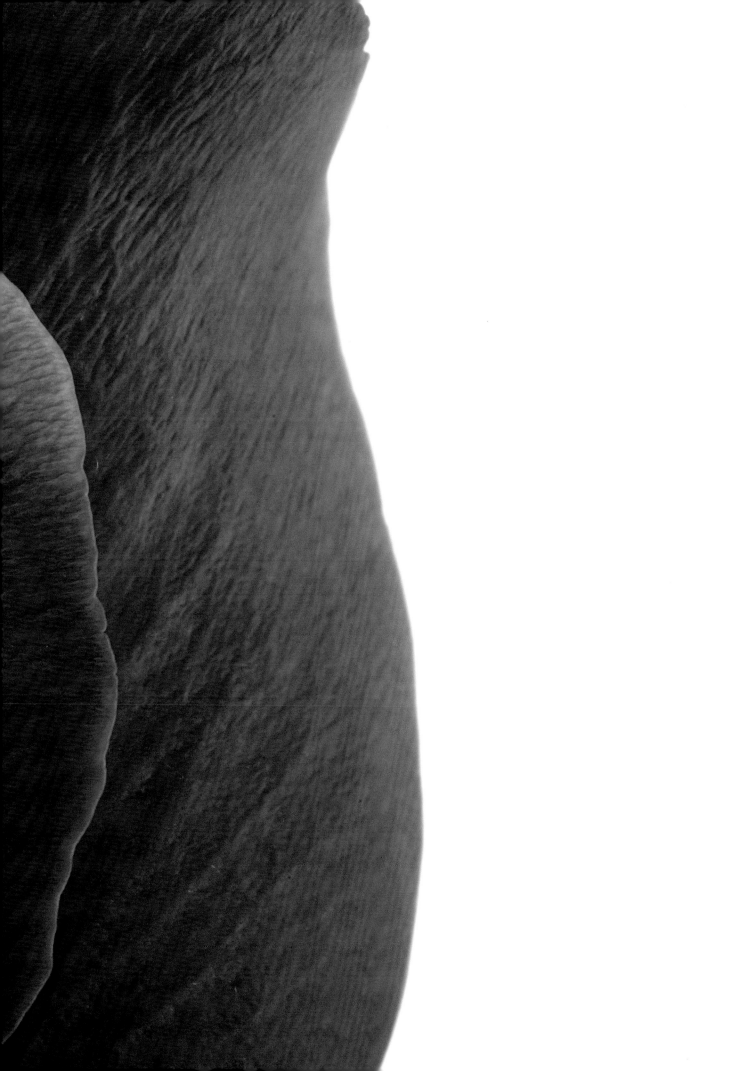

向偉大女伶致敬

紅色密爾瓦
Milva La Rossa

瑪利亞‧伊爾瓦‧比奧卡蒂（Maria Ilva Biolcati），藝名密爾瓦，也叫「戈羅的美洲豹」（Panther of Goro），是義大利的重量級歌唱家和演員。密爾瓦享有世界聲譽，至今在德國依然廣受歡迎，曾兩度獲得德國金唱片獎，並獲德國聯邦政府授予功績勳章。她是德國劇作家布萊希特（Brecht）作品的傑出詮釋者，曾經在許多德國城市演出，獲得巨大成功，一般觀眾和劇評都對她讚譽有加。難怪德國的 Rosen Tantau 公司會特別培育一種玫瑰來向她致敬。密爾瓦玫瑰是胡蘿蔔一般的紅色，呼應密爾瓦頭髮的顏色。花型碩大，全開直徑超過 12 公分，花莖長 50~80 公分，在法國、義大利、荷蘭和南美洲均有栽培。

靈巧
Finess

獨樹一格的桃色魅力

如果要用玫瑰來比擬女性的萬種風情，我們會認為優雅、細緻的白玫瑰具有無與倫比的光環，紅玫瑰帶有絕色美人的倨傲，黃玫瑰則暗示難以被愛的自覺，因此是嫉妒的象徵。不過，桃色玫瑰和這些都不一樣，散發出獨特的魅力和氣質。它儀態溫柔，氣質優雅、謙遜，使人聯想到初長成的美人，快樂而無憂無慮，就像這朵近似牡丹花的桃色玫瑰，它有 40 片花瓣，內側是粉桃色，外側是綠色，綻放後呈現出柔軟豐腴的圓形花冠。花莖長，有 50~80 公分。由荷蘭 De Ruiter Innovations 公司培育，在歐洲和南美洲均有栽培。

傾城之美

特洛伊
Ilios

荷蘭育種商 Schreurs 為這款玫瑰取這個名字，一定是認
為它的美，就像每天用光線照亮我們生活的太陽一樣，又
像傳說中的特洛伊王后海倫，她是女性之美的永恆象徵。
這是一種具有壓倒性的美，能引爆強烈的情感，就像荷馬
史詩中帕里斯擄走海倫所引發的大戰，以及想要把海倫擄
為己有的慾望。這款玫瑰有兩個特徵：一是外層花瓣帶有
灰綠色，內層呈現暖黃色；二是花冠形狀鬆軟，彷彿絲帶
纏繞而成。特洛伊的花瓣超過 35 片，全開直徑 9~11 公
分，花莖長 60~90 公分。

曖昧而迷人的光輝

凌波
Limbo

在但丁的《神曲》中，凌波是第一層地獄。但丁在這裡為所有高貴、慷慨的靈魂建立了一座城堡，生前正直的荷馬、賀拉斯、奧維德和其他非基督教的偉人，都住在這座城堡裡。這座供靈魂居住的城堡熠熠生輝，有一條小河圍繞。凌波是位於陰陽之交的混沌之境，也是但丁描寫的各層地獄中唯一一個有亮光的地方。在玫瑰之中最能代表這樣一個地方的，莫過於德國科德斯父子公司培育的這個品種。凌波的花瓣呈黃綠色，使人聯想到但丁那座城堡的光亮，它的漸層色彩變化則展現了凌波地獄曖昧不明的特性。全開直徑 10~12 公分，花莖長 60~90 公分，栽培地在荷蘭。

萊昂尼達斯
Leonidas

法國育種公司玫昂國際對這種玫瑰的色調做了特別的設定，內層是帶有暗粉紅色的土黃色，外層是奶油黃，這種內外色差造就了萊昂尼達斯的一個特性：隨著花冠開展，花的顏色會變得愈來愈濃，最後近乎巧克力色。這款玫瑰也確實取名自比利時一款著名的果仁巧克力糖，使用的都是最優質的原料。對巧克力愛好者來說，這朵玫瑰和有「眾神的食物」之稱的巧克力之間的關聯是不能忽視的。另一方面，在所有具雙重色彩的玫瑰中，萊昂尼達斯不遜於任何品種，除了顏色之外，它還有一個優勢就是錐形花苞，全開之後呈蓮座形。花莖長 50~70 公分，墨綠色的葉片。栽培地在義大利、法國和南美洲。

如巧克力般甜美的雙面嬌娃

莫哈納
Mohana

培育出這款玫瑰的厄瓜多育種師向來熱愛船隻、帆船賽、遼闊的大海，和海地的波浪；海地是他最愛去度假的地方，每次回來他都要說一樣的話：「大海無法預料，難以駕馭，但它又是那麼美，簡直讓我心醉神迷。」這款玫瑰的名字就是源於他對大海的愛，莫哈納在毛利語中的意思就是海洋。莫哈納玫瑰的培育出自純粹的幻想，靈感來源和形狀、顏色、人或物都無關，僅僅是向大自然和它最美的模樣致敬。今天這個品種由德國的 Rosen Tantau 公司生產，受人喜愛的地方除了它介於沙色和土黃之間的溫暖色調，還有它直徑超過 12 公分的碩大花朵，以及長 60~90 公分的花莖。

像海一樣迷人

馬里奧
Mariyo!

鎬黃色和硫磺色，橘紅色和珊瑚紅，鏽紅加上血紅——馬里奧的花瓣是對太陽光色彩的禮讚，並且使人聯想起西西里島的卡塔尼亞平原上結實纍纍的柳橙樹。馬里奧是荷蘭育種公司 Schreurs 培育而成的品種，它是另外一個著名栽培種瑪麗克雷爾（Marie-Claire！）的第一個後代。馬里奧有幾個有趣的特徵：它外觀迷人，有 45 片花瓣，花莖長 80 公分；栽培容易，產量很大（每平方公尺能長出近300 株）；體質強健，花苞不易死亡，且耐運輸，它的栽培地主要在非洲，銷售市場遍布世界各地，因此必須經歷數小時的飛行，但抵達目的地之後仍能保持完好，可直接用來做成綻放著秋日光芒的精美花束。

完美演出無時差

咖啡時間
Coffee Break

咖啡時間是上班族一天之中的重要時刻：小憩片刻，和同事閒聊，喝上一杯熱氣騰騰的咖啡，短短幾分鐘的享受過後，可以煥然一新地繼續投入工作，準備好迎接後面的挑戰。這款名為「咖啡時間」的雜交種玫瑰色彩濃郁，由土黃色漸變成土紅和鏽紅色。由德國的 Rosen Tantau 公司培育，靈感正是來自工作中的咖啡時間。它的花冠很大，全開直徑 12 公分，花莖長 50~70 公分。花藝設計師特別欣賞它，尤其是它的顏色，令人想起加拿大楓葉色彩的神奇變化，因此它也經常成為秋季花束的主角。

咖啡般醇厚濃郁的色調

心之花束

紅色、粉紅色和淺紫色——本章開頭的玫瑰花束，用的就是屬於這個色系的「心之玫瑰」。這個花束包含了三種色調、三種意義，但是貫穿其中的，是一種能轉變成激情、愛情和對知識的熱情的感情。紅色遠不只是一種顏色，而幾乎是一種觀念，它在賦予物體溫暖、充滿活力與熱情的色調的同時，已經與物體本身合而為一。

強烈的紅色引人注目、刺激人心，它包含陰和陽、日與夜、雄性和雌性、善良與邪惡。紅色是血，決定生死；紅色是火，加溫並燃燒；紅色也是愛，真摯熱烈。無怪乎在花語中，紅玫瑰一向代表熾熱的愛，例如奧斯卡・王爾德就曾在《夜鶯與玫瑰》中寫道：「……你說你會和我跳舞，學生說。所以我帶來了這朵世界上最紅的玫瑰。我要把它別在你的心口，這樣我們跳舞的時候，它就會告訴你我有多愛你。」

在玫瑰切花市場上，紅色和白色都是最受喜愛的顏色。從鮮紅到紫紅，天竺葵紅到漆紅，寶石紅到緋紅，紅玫瑰成了情人節的最佳禮物，如紅牛（El Toro）、大獎賽（Grand Prix）、紅色娜歐米、紅色巴黎和激情（Passion）。

粉紅先天是屬於女性的顏色。在玫瑰切花中，粉紅色的漸層變化包括從皮膚色到淺粉紅，從仙客來紅到倒掛金鐘紅，從貝殼紅到彩紙紅等等，分別代表溫柔、感激、友誼和仰慕等涵義。粉紅也是充滿時尚感的顏色，可以變化出如瓷器或天使緞般的顏色，如水女孩（Aqua Girl）、羅瑟琳（Rosalind）、荷粉佳人（Rosita Vendela）、祕密花園（Secret Garden）、甜蜜雪山（Sweet Avalanche）和甜蜜多洛米提（Sweet Dolomiti）；可以變化出糖果色，像是波・佩寇博（Bo Peckoubo）、天堂（Heaven）和復興（Revival）；可以是珍珠雪山（Pearl Avalanche）那樣略帶紫灰的玫瑰紅；也可以像伊西斯（Isis）、米蘭達（Miranda）和粉色靈巧（Pink Finess）那樣，從粉紅漸變到綠。

淺紫是改變世界的顏色。它在 1860 年由年輕的英國化學家威廉・柏金（William Perkin）發明，隨即大為流行（維多利亞女王在女兒的婚禮上穿的就是這種顏色的裙子）。在當時那個完全需要從蔬菜和動物體內提取色素的時代，淺紫的出現也帶來了化工業的革命。這種備受造型師喜愛的顏色，近幾年也在玫瑰切花的世界大受歡迎，其中最美麗的品種有先鋒（Avant Garde）、冷水（Cool Water）、深水（Deep Water）和海洋之歌（Ocean Song），最時尚的花藝師會用這些來製作新娘捧花以及婚禮上的花飾。

因此，本章這個由瑪格麗塔・安格魯奇製作的花束，最適用於洋溢著充沛情懷的場合。她使用了紫紅色的大獎賽、淺粉紅的水女孩，以及淺紫色的海洋之歌。這個搭配效果預告了本章將要展示的玫瑰品種，有的貴氣，有的時髦；有的花型碩大，有的中等大小；有的花莖較短，有的超過 100 公分長；花瓣有的像平紋絲，有的像天鵝絨；有的是杯形，有的是蓮座形，有的甚至像撒了冰糖一樣。

120-121：大獎賽、水女孩和淺紫色的海洋之歌，以綠色的蘆筍和雜色的海桐作點綴，共同組合出這束浪漫的捧花。設計者為 Foglie, Fiori e Fantasia 花店。122：香甜（Fragrant Delicious）玫瑰，由荷蘭 Interplant Roses 公司培育而成。

祕密花園
Secret Garden

從巴比倫的空中花園到中世紀的封閉花房，從法國設計師安德列 · 勒諾特的法式庭院到浪漫的英國鄉村別墅的理想主義花園，上好的花園不單是追求和諧、深思、冥想的場所，也是欣賞、讚賞大自然的美和創意的地方。這朵「祕密花園」正是向園藝的本質致敬。整朵花呈現柔和的粉紅色，外層的花瓣顏色較深，內層顏色較淺。由荷蘭的 Schreurs 公司培育，某些地方使人想到其他品種的花園玫瑰。它的花冠很大，花瓣約 30 片，全開直徑 10~12 公分，花莖長，有 70~90 公分。花瓣的粉色和葉片的綠色形成鮮明對比，格外誘人。

展現花園本色

甜蜜多洛米提
Sweet Dolomiti

這種玫瑰是柔和的貝殼紅，代表優雅、甜美和女性化的氣質。它的色彩如夢似幻，會勾起對古羅馬愛與美的女神維納斯的想像，並且令人想起祂最著名的肖像：《維納斯的誕生》，這是義大利畫家波提切利完成於 13 世紀的畫作，今天收藏在佛羅倫斯的烏菲茲美術館。美麗、精緻、引人遐想，這種玫瑰在 2011 年由荷蘭的 Olij Rozen 公司推出，並獲得了當年的 Fleur Primeur 獎；這是荷蘭花卉拍賣公司創辦的獎項，專門頒給最美麗的新品種，是花卉界的大獎。甜蜜多洛米提是另一個知名品種「多洛米提」的變種，有 50 片花瓣，花莖最長可達 100 公分。

玫瑰中的維納斯

羅瑟琳
Rosalind

《皆大歡喜》是莎士比亞的一部田園喜劇，故事是女主角羅瑟琳的多變的人生際遇。羅瑟琳被篡位的叔叔佛列德里克公爵流放到阿登森林，她先是假扮成一個男孩，化名加尼美得，後來又嫁給了奧蘭多。就像這位擁有無數美德和智慧的女主角，由英國 David Austin 公司培育的羅瑟琳玫瑰也充滿了驚喜。這種小杯型的玫瑰呈柔和的淡粉色，全開時花瓣有 165 片之多，不但樣子很像牡丹，還會散發出一股溫和的水果香。和 David Austin 公司的其他玫瑰一樣，羅瑟琳也是經過漫長而精確的研究所獲得的成果，投入了 300 多萬英鎊，以及 15 年的密集試驗與栽培。

莎士比亞的女主角

先鋒
Avant Garde

造型師稱這種玫瑰的淺紫色是近年來最夯的色彩，許多人對它趨之若鶩，尤其是用在婚禮花飾上。
先鋒玫瑰由法國的尼普國際培育，它是年輕的義大利婚紗設計師安東尼奧 · 利瓦（Antonio Riva）
的創作泉源，利瓦不僅從它的色調中吸收靈感，作為最新的婚紗和配飾（他的設計在美國、日本和
俄羅斯均享有崇高的地位），還選它作為新娘捧花、餐桌裝飾和席位卡。這款玫瑰有不少有趣的特點：
花苞呈漩渦狀，有很多花瓣（大約 40 片），花莖長 60~80 公分，葉片是富有光澤的深綠色，與淺
紫色的花冠構成鮮明的對比，還有一股強烈、與眾不同的古典玫瑰香。

最受歡迎的婚禮玫瑰之一

泰加
Taiga

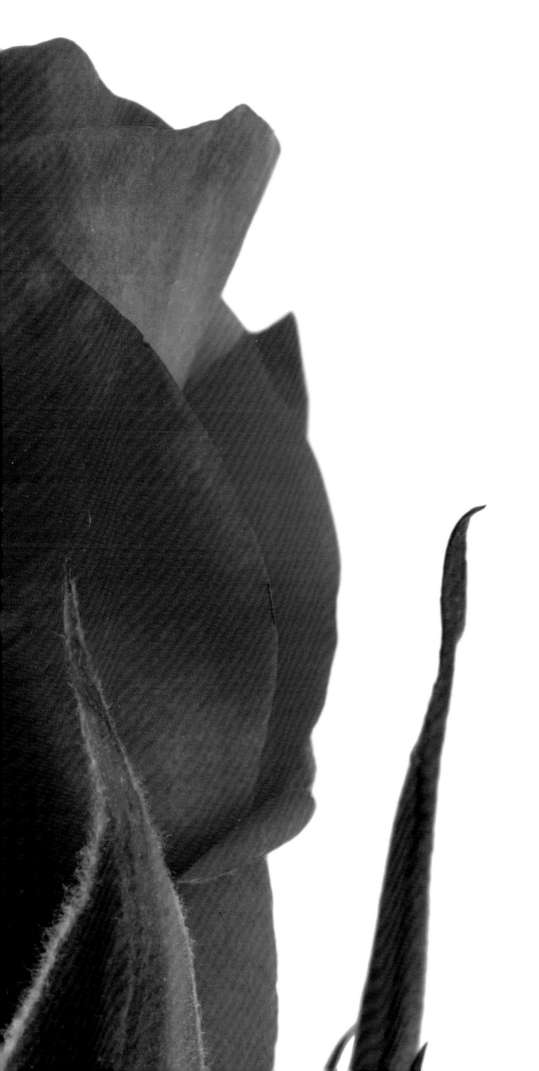

櫻桃色的花瓣

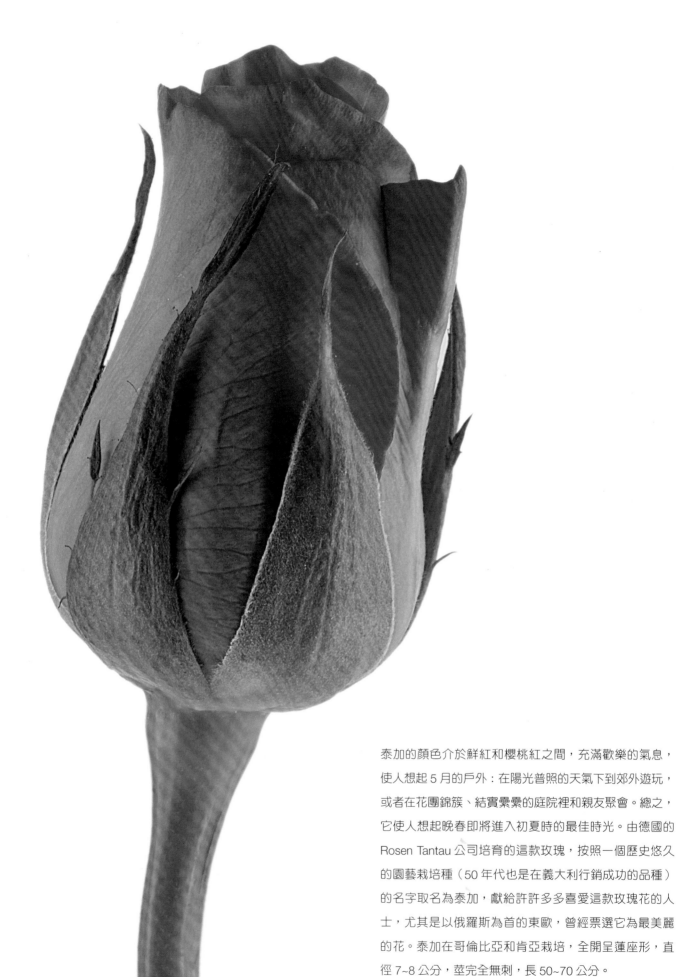

泰加的顏色介於鮮紅和櫻桃紅之間，充滿歡樂的氣息，使人想起 5 月的戶外：在陽光普照的天氣下到郊外遊玩，或者在花團錦簇、結實纍纍的庭院裡和親友聚會。總之，它使人想起晚春即將進入初夏時的最佳時光。由德國的 Rosen Tantau 公司培育的這款玫瑰，按照一個歷史悠久的園藝栽培種（50 年代也是在義大利行銷成功的品種）的名字取名為泰加，獻給許許多多喜愛這款玫瑰花的人士，尤其是以俄羅斯為首的東歐，曾經票選它為最美麗的花。泰加在哥倫比亞和肯亞栽培，全開呈蓮座形，直徑 7~8 公分，莖完全無刺，長 50~70 公分。

天堂 *Heaven*

迷人的冰糖杏仁色花瓣

根據育種師的說法，粉紅實在是很棘手的顏色，因為它太容易受到時尚影響，被時裝秀上的古怪潮流左右。在巴黎、米蘭和紐約，從一季又一季的時裝秀就能看出粉紅色的興衰，不僅是在訂製時裝的領域中。很顯然即使是粉紅色玫瑰，仍然有無窮的色調差異，從膚色到紫紅，中間會經過冰糖杏仁色和仙客來紅，別忘了還有淺紫和胭脂般的天竺葵紅。荷蘭育種公司 Schreurs 違抗了當時的時尚，推出這款天堂玫瑰。它有冰糖杏仁色的花瓣，質地就像巧克力甜點一樣，花苞很大，全開足足有 40 片花瓣，花莖完全無刺，長 50~80 公分。

水女孩
Aqua Girl

戀戀地中海

創造出這款玫瑰的荷蘭育種商 Schreurs，把水女孩視為著名栽培種「水玫瑰」（Aqua!）的女兒。它使人想起 6 月、想起地中海的夏天。Schreurs 表示，水女孩不僅使他想到清晨的光線、輕輕拍打著海岸的波浪，還使他想到清晨的露珠，以及暴雨過後花朵的芬芳。水女孩色調白皙，彷彿嬰兒的皮膚，花莖長 50~60 公分，完全無刺，全開後可見到密密實實的花瓣（最多可達 55 片），質地有如天鵝絨。水女孩在非洲種植成功之後，世界各地的花藝師都對它鍾愛有加，尤其喜歡用在婚禮、洗禮和聖餐會上。此外，迷你型的水女孩花束也非常適合用來慶祝新生兒誕生。

紅牛
El Toro

從古希臘到米諾斯，在無數文明的神話中到處都能見到牛的身影。牛在古埃及是受人崇拜的神明；在印度教是力量和生殖的符號；在西班牙則是卓越的象徵。它有力的黑色身影給人的印象不僅僅是鬥牛賽、競技場、8 月的熾熱陽光、聚會和佛朗明哥，還會讓所有人想到唯一一種顏色──代表愛與激情的紅色。紅色是鬥牛士的斗篷，是佛朗明哥舞者的裙子，也是這款由荷蘭 Olij Rozen 公司培育出的玫瑰的顏色。紅牛花冠呈蓮座形，花瓣的模樣彷彿在應和著響板的節奏，花朵直徑 7~8 公分，花莖長 40~70 公分。紅色的花朵襯著深綠色的葉片，對比極為鮮明。

粉色靈巧
Pink Finess

「粉色靈巧」的外形有點蓬亂、不修邊幅，但是依然美麗，
不失肉感，是一款極具性格的玫瑰。它充滿生氣，架勢十足，
用粉紅色詮釋了它的前身，也就是神祕的「靈巧」的一切特
質。粉色靈巧由荷蘭的 De Ruiter Innovations 公司培育，他
們特別在它的花瓣和花冠上動手腳，欺騙我們的視覺──它
的外形和開花方式更像牡丹，而非玫瑰。它的 40 片花瓣結
構厚實，全開後形成一個綿密的圓形花冠。特別值得一提的
是它的顏色，那是接近冰糖杏仁的粉紅，上面淺淺地掛著幾
縷白色和淺水綠色的脈絡。花莖長 50~80 公分，長著漂亮
的心形綠葉，栽培地在歐洲和南美洲。

自以為是牡丹的玫瑰

在異鄉大放光彩

荷粉佳人
Rosita Vendela

荷粉佳人是著名栽培種芬德拉（Vendela）的一個變種，
這朵由德國 Rosen Tantau 公司培育的雜交玫瑰，在許多
方面都和它的姊妹十分相似，例如花苞的尺寸和花朵形
狀、花冠的開放方式和花莖長度，都和芬德拉相同。那麼
它有什麼獨特之處？只有一個，就是顏色。荷粉佳人的花
瓣是一種奇妙的粉紅色。Rosen Tantau 的育種師說，這個
顏色起初很難培育，它在歐洲的溫室裡花冠顏色不一致。
經過上千次的測試和實驗之後，謎底終於解開了：原來，
這種玫瑰喜歡溫暖的環境，只有到了哥倫比亞海拔 2000
公尺的地方，它才能長出顏色一致的花冠。荷粉佳人還有
美麗的綠色葉片。

紅色巴黎
Red Paris

愛在不夜城

巴黎有許多由夜燈照亮的碼頭、花園、小酒館，塞納河上遊船如織 蒙馬特區還有一面牆上寫著300多條愛的宣言，都是用不同的語言寫成的「我愛你」。所以如果說，最有資格冠上愛情與愛人之城的稱號的是巴黎，那麼「激情的顏色」這個稱號也只能賦予獨一無二的紅色，就像荷蘭育種公司 Olij Rozen 培育的這款「紅色巴黎」玫瑰。這種漩渦狀的玫瑰色調濃郁，介於深紅和暗紅之間，叫這個名字真是再合適不過了。紅色巴黎有 30 多片絲絨般的花瓣，花冠直徑有 10~12 公分，花莖長 50~90 公分，栽培地在荷蘭。

戀人的玫瑰

激情
Passion

紅色是火焰、愛情和誘惑的顏色，古羅馬掌管美和生育的女神維納斯的玫瑰也是紅色的。除此之外，紅色向來被視為戀人的顏色。不過在花語中，每一種色調的紅都表現出不同的情緒和感情。大紅色的玫瑰象徵強烈的吸引力，紫紅玫瑰表達永恆的欲望，火紅色的玫瑰體現出激情的火焰，緋紅色玫瑰則宣告嚴肅、永恆的愛。這款迷人的激情玫瑰由荷蘭的Preesman Plants 公司培育，花瓣質地如天鵝絨，顏色介於暗紅和紫色之間。花型優雅，全開後直徑 7~8 公分，花莖長 50~80 公分，花冠與葉片的顏色對比非常美妙。

甜蜜雪山
Sweet Avalanche+

荷蘭育種公司 Lex+ the Rose Factory 在 2006 年阿姆斯特丹
國際花卉園藝展（Horti Fair，專為花卉界所舉辦的國際展覽）
上推出這個玫瑰品種。就在這一年年，這家公司贏得了有花
卉界葛萊美獎之稱的 Fleur Primeur 獎，由荷蘭花卉拍賣公
司頒給當年最漂亮的品種。甜蜜雪山是著名品種「雪山」的
變種，不論姿態、花型、花冠尺寸（全開直徑超過 12 公分）
和花莖長杜（最長可達 100 公分）都繼承自雪山，是花藝
設計師十分喜愛的品種。它最受喜愛的是它的活力和生產力
（每平方公尺可生產 400 株），其次是花冠的美麗色彩——
如瓷器一般細緻的粉紅色，令人想起最珍貴的「天使肌膚」
（angel-skin）珊瑚。

血統尊貴的玫瑰

乘著美的波浪

海洋之歌
Ocean Song

水是一種近乎無所不在的物質，包覆了地球表面四分之三的面積，從太空中俯視，多水的地球就是一顆藍色的行星。海洋是生命的源頭，是自然力量的符號，也是不斷自我更新的生命能源。風吹動海水，勇敢的人類在海上航行，並將它寫成故事、神話和傳說的主角，這朵玫瑰就以它為名。海洋之歌由德國的 Rosen Tantau 公司培育，它色彩柔和，介於淺紫和薰衣草色之間，彷彿是在絲緞般的花瓣上奏出一段色彩的旋律。花型大，全開後直徑 10~12 公分，花莖長 50~80 公分，葉片是美麗的深綠色，和紫色的花冠形成美妙的對比。主要栽培地在荷蘭和南美洲。

冷水
Cool Water

這個玫瑰品種的名稱來自一款著名的男士香水:「大衛杜夫冷水」(Davidoff Cool Water)。如今大衛杜夫已推出女性版本:Cool Water woman,它的氣味清新浪漫、使人振奮,其中混合了鳳梨、西瓜、醋栗等水果的香氣,以及鈴蘭的芬芳,只要灑上幾滴,就會釋放出水的全部精華和力量,如同海洋源源不絕的波濤,它能完美地提升女性特質與現代女性的美。這款由荷蘭 Schreurs 公司培育的玫瑰也有這樣一股清新充沛的活力。它的顏色是別具一格的粉紫,是今天婚禮花飾中最受青睞的品種之一。它的花瓣有 40~50 片,全開直徑 10.5 公分,花莖長 60~90 公分,葉片是美麗的綠色。

強烈而清新的活力

大獎賽
Grand Prix

這款玫瑰的名字來自 TT Assen，一個有 80 多年歷史的摩托車大獎賽，在荷蘭亞森市舉行。正如摩納哥公國之於 F1 方程式車迷、溫布頓之於網球迷，在亞森舉行的這場為時一天、包含所有量級的摩托車比賽，是讓摩托車迷最感到熱血沸騰的大賽。荷蘭育種公司 Terra Nigra 把這樣的情感轉移到一朵美麗非凡的紅玫瑰之中，並將它塑造成運動熱情的象徵，更重要的是，它還象徵愛情的征服。這種深紅花瓣的玫瑰能在近幾年超越老牌名種巴克拉（Baccara），成為情人節最熱銷的品種，並不令人意外。它的花莖最長可達 120 公分，花冠全開直徑 11 公分，深綠色的葉片特別受人喜愛。栽培地在荷蘭、法國和義大利。

玫瑰和摩托車
——愛情與激情

米蘭達
Miranda

米蘭達出現在莎士比亞 1611 年創作的劇本《暴風雨》中，是主人翁米蘭公爵普洛斯彼羅之女。書中描寫她擁有傾城之貌，莎士比亞以「奇觀」來形容她，甚至特地為她創造出米蘭達這個名字。Miranda 來自拉丁文的 mirari（意思是愛慕），也就是「值得愛慕」之意，自《暴風雨》上演之後，數百年來已成了英國人常用的名字。正如莎翁筆下的這位迷人女孩，由英國的 David Austin 公司出品的這款玫瑰也是非常特別的品種。它外層的花瓣微微捲曲，帶有漸淡的綠色調，花心則是出人意料的濃郁粉紅色。花冠呈蓮座形，有 120 片花瓣，花莖長 40~60 公分，散發出淡淡的水果香氣。

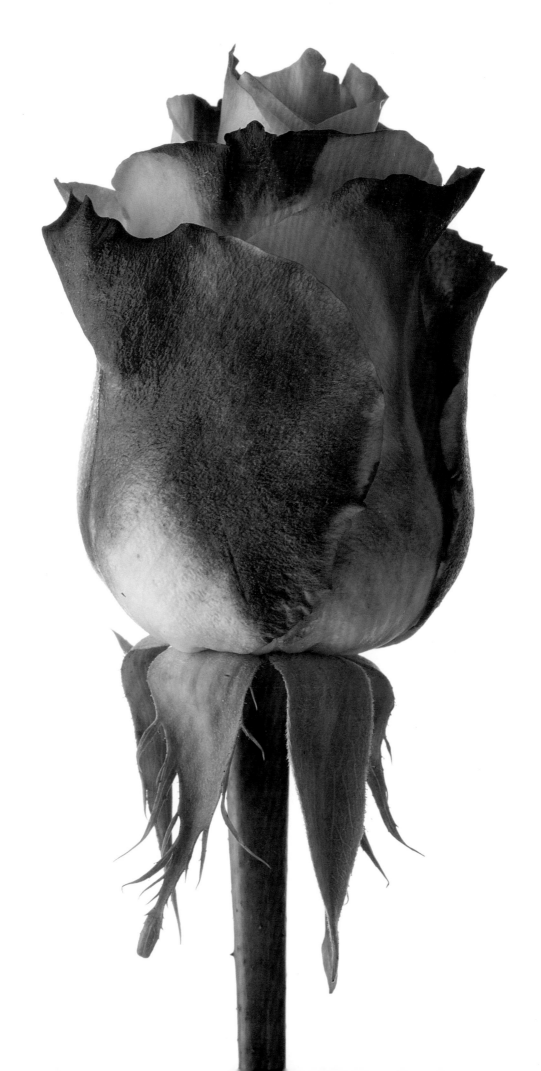

香甜
Fragrant Delicious

這款令人沉醉的玫瑰具備了各式各樣的優點。首先是香氣甜美濃郁，使人立刻想起那些最美好的回憶：母親做的蛋糕、祖母院子裡盛開的玫瑰、孩子的擁抱、春季的天空、初吻……其次，是它漂亮的顏色：杏仁奶油般的白色，外加在花瓣邊緣越發強烈的一抹粉紅。香甜玫瑰是由荷蘭的 Interplant Roses 公司培育而成，花瓣有足足 50 片，刺很少，花莖可以長到 100 公分。如果在海拔 2000 公尺的厄瓜多栽培，會呈現出更濃郁的色彩，原本的奶白變成杏黃，原本的粉紅則趨近深紅。它的葉片是閃閃發亮的深綠，和粉白相間的花冠對比起來別有風味。

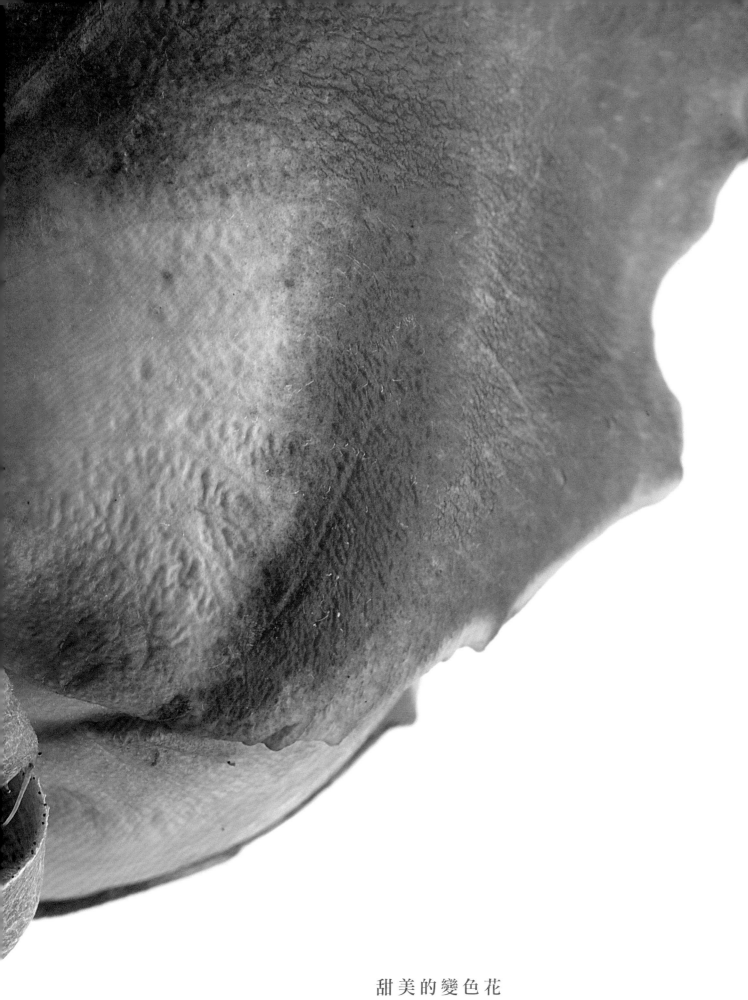

甜美的變色花

馬蒂爾達
Matilda

今天在全世界行銷這種玫瑰的是法國 Meilland International
公司，想把「馬蒂爾達」這個名稱獻給培育出這款玫瑰的西
班牙育種者：馬蒂爾德・費拉（Matilde Ferrer）。無論在
色彩還是氣質上，馬蒂爾達無疑從生養它的土壤中繼承了特
殊的稟性。它的色調溫暖而強烈，它的紅色是罕見的土紅，
更特殊的是它圓形的花瓣，全開後彷彿一條 18 世紀女士的
襯裙，布滿了褶邊與荷葉邊。這種個性強烈的粉紅玫瑰，是
一次煞費苦心的雜交試驗所獲得的成果。它活力充沛，產量
高，每平方公尺至少能長出 170 株。花莖長 70~80 公分。

拉丁本色

伊 西 斯
Isis
既 是 玫 瑰 ， 也 是 女 神

古埃及人奉伊西斯為生育、婚姻和魔法的女神（她曾用魔力讓自己的丈夫俄塞里斯復活），將她描繪成雍容、強壯、美麗的女性形象。受到這個形象的啟發，荷蘭育種公司 Schreurs 將這款略帶綠色斑紋的粉紅玫瑰取了伊西斯這個希臘名稱。選取這個品種的理由是什麼？ Schreurs 表示考慮到兩點：第一，這種玫瑰的美麗之處是在綻放時呈淺粉色，隨後漸漸變深；第二，它在水中的保鮮期可輕易超過 20 天。伊西斯的花冠有 30 片花瓣，花莖長 50~70 公分，栽培地在荷蘭、厄瓜多和肯亞，這些國家的氣候和海拔（溫室多在海拔 2000 公尺以上）會催生出更亮麗的色調。

佩寇博
Peckoubo

向粉紅色致敬

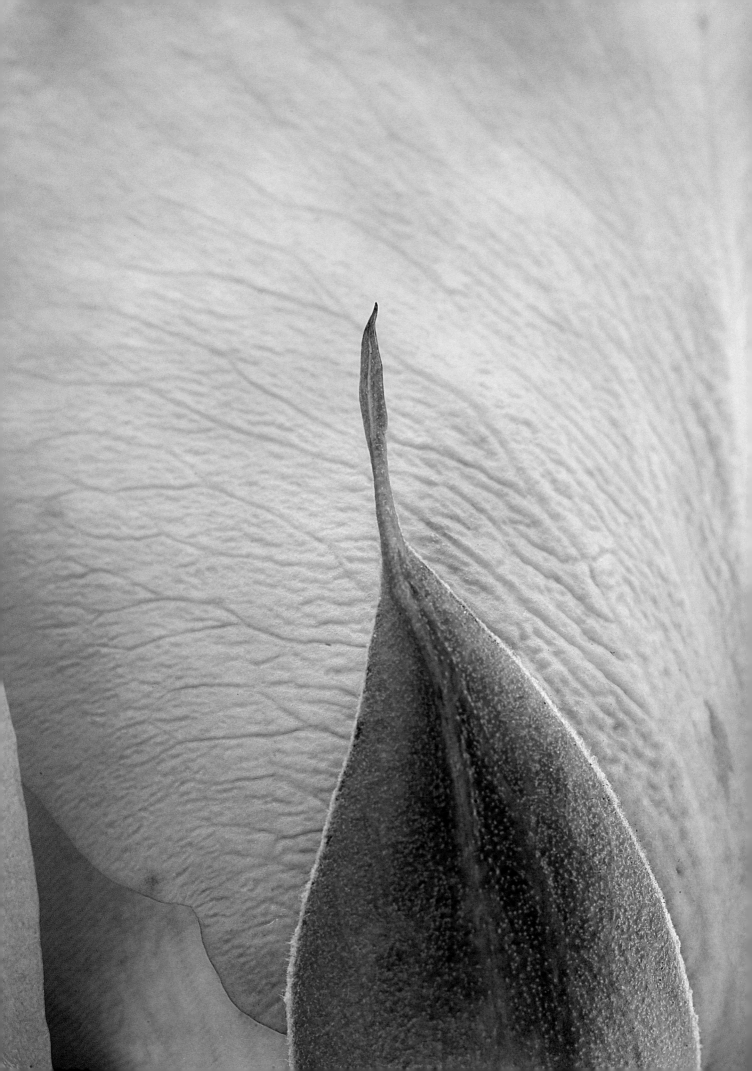

這種玫瑰又名波 · 佩寇博，由法國的尼普國際培育，在俄羅斯特別受歡迎，論名氣和銷量，在歐洲都名列前茅。佩寇博的特點一方面在於它的顏色，那是漂亮而飽滿的粉紅色，顯得純淨而完美；另一方面則在於它柔和而持續的香氣。佩寇博很受花藝設計師的青睞，利用它比較浪漫的氣質來製作花束或貢花，以慶祝生日或聖餐會。它的栽培地在厄瓜多、哥倫比亞和肯亞，出口到美國和歐洲銷售。佩寇博耐存放，花型碩大，花冠直徑約 11 公分，花瓣多（平均 35 片），花莖最長可到 100 公分。

蝴蝶
Farfalla

大樺斑蝶（*Danaus plexippus*）是美洲大陸的特有種蝴蝶，最有名的是牠們的長途遷徙行為，每年秋季到次年春季這段時間，牠們會從北美洲出發，飛行 5000 公里到墨西哥和加州，度冬之後再北返。為了向這種充分展現自然之力與自然之美的偉大物種致敬，法國的尼普國際公司培育出這款玫瑰。蝴蝶玫瑰處處使人想起大樺斑蝶，不僅是因為它的顏色是奶油白加上逐漸變濃的橘紅，還因為它的花瓣邊緣略有缺損，而且花瓣幾乎會微微拍動，彷彿蝴蝶的翅膀。栽培地在肯亞和厄瓜多，花苞緊實，有 35 片花瓣，花莖長 50~60 公分。

向自然界的偉大物種致敬

紅色娜歐米
Red Naomi!

荷蘭育種公司 Schreurs 培育出紅色玫瑰「娜歐米」時，據知情人士表示，Schreurs 砸下了重金召開發表會。這款玫瑰獻給知名的英國模特兒娜歐米 · 坎貝爾，Schreurs 希望新品的宣傳活動能得到名人效應的加持。如今娜歐米又多了兩個漂亮的新品種：紅色娜歐米和白色娜歐米。紅色娜歐米的顏色是濃郁的深紅，較暗的地方接近紫紅。有很多花瓣（有的最多達到 75 片），質地如天鵝絨。它的氣質浪漫、精緻，充滿感官吸引力，近年來一直是情人節最受歡迎的玫瑰品種。全開時花冠直徑 11~14 公分，花莖長 60~120 公分，香氣含蓄持久。

媲美超模的身段

深水
Deep Water

《深水》原本是一部紀錄片的名字。1968 年，《星期日泰晤士報》組織帆船賽，打算重現 1960 年法蘭西斯・奇賈斯特爵士（Sir Francis Fhichester）駕船獨自環遊世界的驚人成就。紀錄片講述的就是其中一位參賽者的故事，在當年那是一齣悲劇，現在成了傳奇。這場比賽是一次壯舉，頌揚了人類的智慧、力量、堅韌和不斷挑戰自我的精神。而這款玫瑰同樣是對最嚴格的審美標準的挑戰，德國 Rosen Tantau 公司將之取名為深水，以紀念培育過程中的艱辛，以及最後成功將粉紅與紅色融入同一片花瓣中的成就。花型大，全開直徑 10~12 公分，長著美妙綠葉的花莖長 60~80 公分。

美 的 自 我 挑 戰

珍珠雪山
Pearl Avalanche

這朵由荷蘭 Lex+ the Rose Factory 培育的玫瑰是著名品種「雪山」的一個變種，它繼承了雪山的全部特徵：姿態、形狀、尺寸（全開時直徑超過 12 公分）、花莖長度（最長可達 90 公分）、每平方公尺多達 400 株的產量。因此，兩者的區別只在於顏色：珍珠雪山的顏色輕柔溫暖，介於淺橙與灰玫紅之間，質地使人想起珍珠項鍊魔法般的光澤。這個明豔照人的品種栽培地在荷蘭，最適合用來裝飾佈景，例如荷蘭王室的花藝師馬克思・凡・德斯洛（Max van de Sluis）就使用 15 朵珍珠雪山的花瓣，製作了一個別具一格的花束。

最珍貴的玫瑰

一則甜蜜的花語簡訊

復興
Revival

玫瑰能夠用來說明情感，傳達情緒，這是眾所周知的事實。最重要的是，玫瑰是用顏色來表達涵義的，而在花語中，顏色永遠等同於愛情、激情和妒忌。紅玫瑰就類似一則甜美的「花訊」，說明友誼、喜愛與仰慕。比如這朵復興玫瑰，它濃郁的色調就相當於是在含蓄地說「我愛你」，這則訊息不是寫在手機螢幕上，而是寫在全開直徑可達 12 公分的優雅花冠上。這款玫瑰由德國的 Rosen Tantau 公司在 90 年代培育，隨著它的誕生，沉寂了十年的粉紅色終於再度回到聚光燈下。這個品種在歐洲市場廣受歡迎，在荷蘭、德國、法國、義大利和肯亞均有栽培。花莖長 60~70 公分。

索引

育種公司名錄

David Austin Roses Ltd.

Bowling Green Lane, Albrighton, Wolverhampton, WV7 3HB, UK
Tel +44 (0)1902 376 300
Fax +44 (0)1902 375 177
retail@davidaustinroses.com
www.davidaustinroses.com

De Plantis

Pallazo Graziuso, SS 145, n. 68
80045 Pompei (NA)
Tel +39 081 861 5078
Fax +39 081 862 8081
info@deplantis.it
www.deplantis.it

De Ruiter Innovations BV

Meerlandenweg 55
1187 ZR Amstelveen, Netherlands
Tel +31 (0)20 6436 516
Fax +31 (0)20 6433 778
general@deruiter.com
www.deruiter.com

Interplant Roses BV

Broekweg 5
3956 NE Leersum, Netherlands
Tel +31 (0) 343 473 247
Fax +31 (0) 343 473 244
mail@interplant.nl
www.interplant.nl

Kordes' Söhne Rosenschulen GmbH & Co KG

Rosenstrasse 54
25365 Klein Offenseth-Sparrieshoop, Germany
Tel +49 (0)4121 48700
Fax +49 (0)4121 84745
info@Kordes-Rosen.com
www.gartenrosen.de

Lex+ the Rose Factory BV

Hoofdweg 148
1433 JX Kudelstaart, Netherlands
Tel +31 (0)297 361 422
Fax +31 (0)297 361 420
info@lex.nl
www.lex.nl

Meilland International

Domaine de Saint André
Le Cannet-des-Maures
83340 Le Luc-en-Provence, France
Tel +33 (0)4 7834 0034
Fax +33 (0)4 9447 9829
www.meilland.com

NIRP International S.A.

"Le Santa Maria" 27, Porte de France
06500 Menton, France
Tel +33 (0)4 9328 7590
Fax +33 (0)4 9328 7599
info@nirpinternational.com
www.nirpinternational.com

Olij Rozen

Achterweg 73
1424 PP De Kwakel, Netherlands
Tel +31 (0)297 382 929
Fax +31 (0)297 341 340
info@olijrozen.nl
www.olijrozen.nl

Preesman Plants BV

Aalsmeerderweg 692-694
1435 ER Rijsenhout, Netherlands
Tel +31 (0)2 9738 2200
Fax +31 (0)2 9738 2208
admin@preesman.com
www.preesman.nl

Rosen Tantau KG

Tornescher Weg 13
25436 Uetersen, Germany
Tel +49 (0)4122 7084
Fax +49 (0)4122 7087
tantau@rosen-tantau.com
www.rosen-tantau.com

Schreurs BV

Hoofdweg 81
1424 PD De Kwakel, Netherlands
Tel +31 (0)297 383 444
fleurs@schreurs.nl
www.schreurs.nl

Terra Nigra

Mijnsherenweg 23
1433 AP Kudelstaart, Netherlands
Tel +31 (0)297 564 116
Fax +31 (0)297 368 853
info@terranigra.com
www.terranigra.com

作者簡介

法比歐・佩特羅尼，1964 年生於義大利安科納省的寇里納爾多，現居米蘭。在研習攝影期間曾和多位頂尖攝影師合作，進入職業生涯之後專注於肖像和靜物攝影，他憑著訴諸直覺和細緻入微的風格，在這兩個領域脫穎而出。多年來他拍下了許多義大利文化界、醫學界和經濟界名人的肖像。他也與幾家大型廣告公司合作，為一些聲譽卓著、國際聞名的公司和機構創作了大量廣告作品，並親自主持義大利的幾個知名攝影刊物。他在 White Star 出版過《馬：大師肖像》（Horses：Master Portraits）、《混種狗的生活》（Mutt's Life!）、《雞尾酒》（Cocktails）和《超級貓咪》（Supercats!）。

娜塔莉亞・菲德里，1959 年生於米蘭，主修心理學。從事出版工作近 30 年，曾為 Mursia、Electa-Mondadori 和 Giorgio Mondadori Editorial 等義大利大出版社完成多項重要企畫。她的文化背景、個人嗜好和經驗，一直以她對自然與美好事物的愛為出發點，這也是她在專業上所擅長的兩個領域。她目前擔任 Gardenia 月刊編輯，這是義大利第一本關於植物、花卉和綠色生活風格的雜誌，她負責的版面專門介紹花卉布置、花商、花藝設計師，以及和景觀植物相關的從業人員。

謝誌

筆者要特別感謝隆巴達花卉公司（Lombardaflor，義大利的大型植物和花卉進口公司）的恩佐・卡普托（Enzo Caputo），他除了提供玫瑰供本書拍攝外，也告訴我們許多寶貴的資訊和建議。也要感謝以下人士：感謝米蘭 Foglie, Fiori e Fantasia 商店的瑪格麗特・安格魯奇所付出的耐心和寶貴的貢獻；感謝風景畫家和熱情的園藝設計師毛里奇奧・烏塞提供的歷史和技術資訊；感謝荷蘭花卉辦事處駐義大利的主任查理斯・蘭斯多普帶我了解今天的玫瑰切花市場，介紹種植者、生產者和拍賣者的角色；感謝尼普國際的狄波拉・喬尼帶我走進了人工雜交的世界。還要感謝其他我所聯繫拜訪過的育種者：Rosen Tantau 公司的 Georg Wieners，Preesman Plants 公司的 Lena ter Laare，Lex+ the Rose Factory 公司的 Cor den Hartog 和 Martin de Rooij，Terra Nigra 公司的 Christa Boerlage，Interplant Roses 公司的 Rose Allard，David Austin 公司的 Nicola Bethell 和 Damiano Quintili，Meilland International 的 Mirko La Galante 和 Laura Curti e Lara Dehen，De Ruiter Innovations 的 Orjan Hulshof，科德斯父子的 Volker Heidelbeer，Schreurs 的 Ron Egberts，以及 Olij Rozen，和 De Plantis 的 Tommaso Graziuso。另外也要感謝謝隆巴達花卉公司的供應商 Rosebrandt Dutch Materpiece，提供了 Foglie, Fiori e Fantasia 花束所用的花材。最後，鄭重感謝 Chiara Bianchi、Anna Taliento 和 Mario Barbaglia 認真而積極地為本書進行校對。

208：甜蜜多洛米提，由荷蘭的 Olij Rozen 公司培育。封面：晨歌，由法國尼普國際公司培育。封底：先鋒，由法國尼普國際公司培育。

玫瑰

作　　者：娜塔莉亞・菲德里
攝　　影：法比歐・佩特羅尼
翻　　譯：高天羽
主　　編：黃正綱
文字編輯：盧意寧
美術編輯：張育鈴
行政編輯：潘彥安

發 行 人：熊曉鴿
總 編 輯：李永適
版　　權：陳詠文
發行主任：黃素菁
財務經理：洪聖惠
行銷企畫：甘宗靄
出 版 者：大石國際文化有限公司
地　　址：台北市內湖區堤頂大道二段 181 號 3 樓
電　　話：(02) 8797-1758
傳　　真：(02) 8797-1756
印　　刷：沈氏藝術印刷股份有限公司

2014 年（民 103）7 月初版
定價：新臺幣 580 元
本書正體中文版由 Edizioni White Star s.r.l.
授權大石國際文化有限公司出版
版權所有，翻印必究
ISBN：978-986-5918-57-6（精裝）
＊ 本書如有破損、缺頁、裝訂錯誤，
　 請寄回本公司更換
總代理：大和書報圖書股份有限公司
地址：新北市新莊區五工五路 2 號
電話：(02) 8990-2588
傳真：(02) 2299-7900

國家圖書館出版品預行編目（CIP）資料

玫瑰
娜塔莉亞・菲德里作；高天羽翻譯
臺北市：大石國際文化，民 103.07
208 頁：21×28.4 公分
譯自：Roses
ISBN 978-986-5918-57-6（精裝）
1. 玫瑰花 2. 栽培 3. 攝影集
435.415　　　　103013604